源 自 全 球 学 校 人 文 科 学 品 质 读 物

冰天雪地说保暖

小多（北京）文化传媒有限公司○编著

艺术与科学探知系列

SPM 南方出版传媒、广东人民出版社

·广 州·

图书在版编目（CIP）数据

冰天雪地说保暖/小多（北京）文化传媒有限公司编著. —广州：广东人民出版社，2016.10

　　（艺术与科学探知系列）

　　ISBN 978－7－218－11096－7

Ⅰ. ①冰… Ⅱ. ①小… Ⅲ. ①保温—少儿读物 Ⅳ. ①N49

中国版本图书馆 CIP 数据核字（2016）第 179088 号

Bingtianxuedi Shuobaonuan

冰天雪地说保暖

小多（北京）文化传媒有限公司　编著

出 版 人：曾　莹

责任编辑：赵世平
封面设计：象上品牌·设计
责任技编：周　杰　易志华

出版发行：广东人民出版社
地　　址：广州市大沙头四马路 10 号（邮政编码：510102）
电　　话：（020）83798714（总编室）
传　　真：（020）83780199
网　　址：http：//www.gdpph.com
印　　刷：深圳当纳利印刷有限公司
开　　本：889mm×1194mm　1/16
印　　张：3.25　**字　数**：60 千
版　　次：2016 年 10 月第 1 版　2016 年 10 月第 1 次印刷
定　　价：36.00 元

如发现印装质量问题，影响阅读，请与出版社（020－83795749）联系调换。
售书热线：（020）83795240

目录 Contents

第7页

第19页

第44页

第35页

写在前面的话

"你喜欢冬天吗？"我想你很难绝对地说"喜欢"或者"不喜欢"，对吗？做个"PK表"吧：拿张白纸，在中间画一条竖线，左边写喜欢冬天的原因，右边写不喜欢冬天的理由。看看你写的这些话，你就会更加了解自己对冬天的感受。

除了内心对冬天的感受，你有没有真正探求过冬天和寒冷的秘密？比如冰期的大冰原是什么景象？你可能想不到，这远古之寒居然哺育了无数的远古生物，使得地球处处生机勃勃。那些总是住在冰川孤峰上的小兔鼠在石缝里安家，在经历了数千个冬天后，从冰期幸存了下来。我们应该感叹生命的顽强。

当你在温暖的房间里喝着热果汁的时候，有没有想过大自然里的动物是怎样抵御寒冷的？你知道许多动物有皮毛和羽毛，还有的是通过冬眠来度过严冬的。它们还有什么更绝的保暖妙招吗？人类已经从这些可爱的动物身上学到了很多抵御寒冷的技能，并不仅仅是建造雪屋和披上厚厚的棉袄那么简单。

你一定经常听说，勤奋的科学家一直在南极探险，他们研究地球天气的变化，寻找抗冻的药物，通过研究极地微生物来探寻人类在其他星球生存的可能，探求推动宇宙的神秘力量。你可能不喜欢冬天的寒冷，但正是南极的寒冷给无数科学家创造了研究生命的基本条件。

住在寒带的孩子可能有更多的机会感受冬季的魅力——打雪仗，看冰雕，穿上冰鞋去溜冰；而在热带居住的孩子，也可以随时享受"寒冷"的滋味——喝冰茶，吃冰激凌。寒冷也有乐趣！

编者：比力

Living in Ice Age

走在猛犸踩过的冰川上

作者：沈丁华

清冷的月光洒在光秃秃的峡谷深处，反射出一片淡蓝色的光芒，仿佛宁静的大海漾起了波浪。仔细看去，月光照耀的根本不是坚实的泥土，而是洁白却又显得狰狞可怖的冰面。环顾四周，高山、深峡、悬崖，都是由岿然不动却

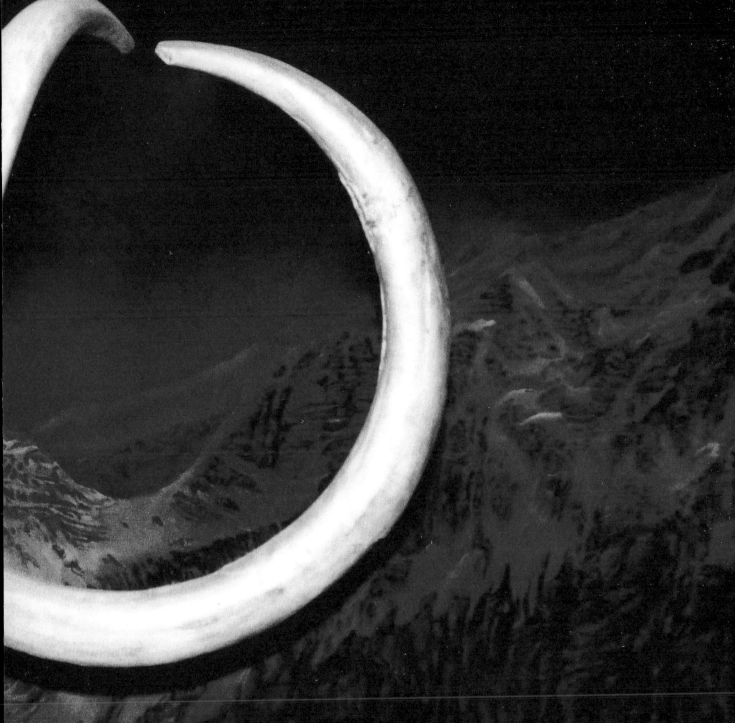

又凶暴无比的冰川组成的。

刺骨的夜风中，一个庞然大物正迈着沉稳的步伐前进。这巨大的生物有4米多高，身上披着浓密的长毛，长着一个长长的鼻子。最醒目的是，两根长达1.5米的大牙从它的嘴里伸了出来，弯成一对极具威胁性的弧线，仿佛在炫耀它强大的武力。事实上，不远处的一个洞穴里就有一双贪婪的大眼睛，但那眼睛背后的巨大黑影也只是舔了舔自己的嘴巴，并没有胆量发动攻击。

极寒时代

上面的场景发生在距今1.5万年前的北美洲，但并非在北极附近。你也许会问，既然不是北极附近，为什么会有巨大的冰川？这是因为，那个时代的地球和现在截然不同。从258万年前的上新世晚期开始，地球处在寒冷的冰期，当时的欧亚大陆北部和北美洲的北部都出现了面积广大的冰盖，就像现在的南极一样。

在冰期，地球表面的温度比现在要低10~15摄氏度，很多地方的积雪终年不化。新的雪落在没有融化的旧雪上，层层堆积，变成了厚重的冰层，也就是我们所说的冰川。这些巨大又沉重的冰川从高纬度地区开始，以每年61~122米的速度向低纬度地区不断延伸，最终覆盖了北半球的大部分地区，甚至连今天的夏威夷和非洲大陆那时候也出现了小型的冰川。与此同时，全世界有一半的海洋铺满了漂浮的冰山。这些冰川可不是小角色，它们的力量足以切开大地、削平高山，北美的五大湖就是冰川作用的结果。

一次又一次的大冰期

冰河时代是我们对第四纪大冰期的称呼，而其中又包含了若干次冰期（glacial period）和间冰期（interglacial period，夹在相邻的冰期中间，是气候比较温暖的时间段）。第四纪大冰期是距离我们最近的一次大冰期（Ice Age，也指南北极出现大范围冰层的时期），换句话说，目前还没有证据表明地球正在走出这次大冰期（毕竟南极

格陵兰岛的冰川

斯洛文尼亚最大的湖——波希涅湖，是著名的冰川湖之一

大氧化事件

大氧化事件（Great Oxygenation Event）发生在大约26亿年前，当时大气中游离的氧含量突然增加，使整个地球的矿物成分发生了变化，也为日后动物的出现提供了条件。大氧化事件是地质史上比较神秘的事件之一，关于它产生的原因科学家至今仍没有找到确切的答案。

和格陵兰岛这两座大冰山还屹立在地球的南北两端）。而在这次大冰期之前，地球上还出现过4次大冰期，有的比这一次更加恐怖。

第一次大冰期被称作休伦大冰期，出现在24亿年前，整整持续了3亿年，是地质史上最严重、持续时间最长的大冰期。关于休伦大冰期的成因众说纷纭，有人说是由于大氧化事件导致原始大气中主要的温室气体甲烷被消耗，也有人说是当时长达2.5亿年的火山活动死寂造成的，也许是两者的共同作用导致了那次大冰期的出现。

第二次大冰期出现于新元古代的成冰纪，从7.2亿年前持续到6.35亿年前。当时，极地的冰盖扩展到了赤道，

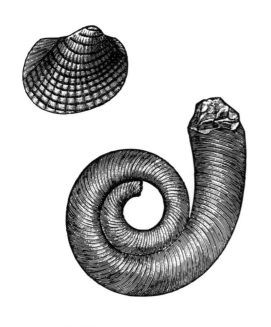

寒武纪的生物化石

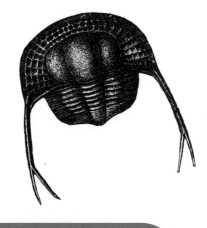

海洋也完全冻结，形成了科学家所说的雪球地球。这次大冰期是近十亿年来地球上最严重的大冰期，但在广大冰川逐步融化，气候回暖时，地球上第一次出现了多细胞生物的踪影，并很快发生了在生物进化史上最重要的事件之一——寒武纪生物大爆发。

第三次大冰期——安第斯-撒哈拉大冰期发生于古生代的晚奥陶纪和志留纪，持续时间比前两次短一些，大约3000万年。

第四次大冰期被称作卡鲁大冰期，从3.6亿年前持续到2.6亿年前。因之前的泥盆纪陆生植物过度繁育，造成地球大气中氧气的含量增加，温室气体二氧化碳大量减少，导致卡鲁大冰期出现。

第五次大冰期就是我们前面提到的冰河时代，这也是历次大冰期中唯一被人们称作冰河时代的。严格来说，这次大冰期直到现在也没有结束，南北两极地区尚未融化的冰川就是证明。

雪球地球

1992年，美国加州理工学院地质学教授约瑟夫·科思维因克第一次提出了"雪球地球假说"，认为在新元古代时期发生过严重的大冰川事件，导致整个地球被厚达2000米的冰层覆盖。

有很多证据支持雪球地球的观点，但关于当时地球被冰封的原因和最终如何解冻，目前还没有严谨的解释。

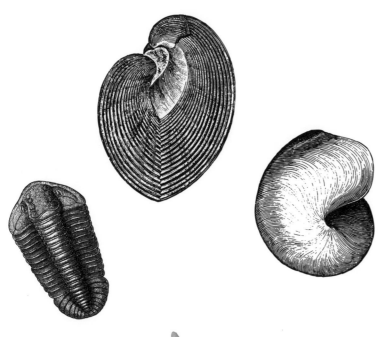

巨兽徜徉的世界

　　中生代的恐龙时代是地球上巨型动物最多、动物体形最大的时代，植食性的迷惑龙、梁龙和腕龙，肉食性的霸王龙都是其中的代表。中生代的气候温暖湿润，蕨类植物大量繁衍，为恐龙提供了取之不尽的食物。优越的自然环境带来了史前巨兽的繁荣。那么反过来想，冰河时代（这

猛犸象

犸象的耳朵显得非常小，鼻子也较短，这些都是为了减少体内热量的流失。与此同时，因为保持体温需要大量的能量，猛犸象每天都要吃进大约 180 千克的植物，并且随时保持运动。

冰河时代的北美洲还有许多强大的肉食动物，比如剑齿虎和巨型短面熊。剑齿虎拥有一对约 18 厘米长的大牙，尽管长度比起猛犸象要逊色许多，但这对锋利的牙齿在剑齿虎的捕猎中起着重要的作用。作为当时最凶猛的猫科动物，剑齿虎称霸冰川的南部地带。巨型短面熊则以身材取胜，它肩高约 1.8 米，站起来时高度可达 3.3 米，光爪子就有 30 厘米长。巨型短面熊的体重可达 1.2 吨，差不多是灰熊的两倍。人们看着这种巨兽的化石，敬畏

里指的是最近一次大冰期）的自然条件如此恶劣，是不是动物都灭绝了或只剩下老鼠之类的"小个子"了呢？这会不会和我们在文章开头提到的场景矛盾呢？

事实上，冰河时代的动物中，大个子相当多，有的"怪物"甚至足以和恐龙比比力气，特别是在北美洲，这样的巨兽比比皆是。

文章开头提到的长鼻子巨兽，是冰河时代最具代表性的动物，它就是猛犸象。猛犸象和现代大象拥有共同的祖先，两者有许多相似之处，但猛犸象为了适应寒冷世界的生活，进化出了好几样"法宝"。在猛犸象厚实的皮肤下，有一层十几厘米厚的脂肪，而皮肤上则覆盖着浓密的绒毛；更重要的是，在身体的最外层，长达 90 厘米的密集毛发构成了寒风钻不进去的防护罩。比起现代的大象亲戚，猛

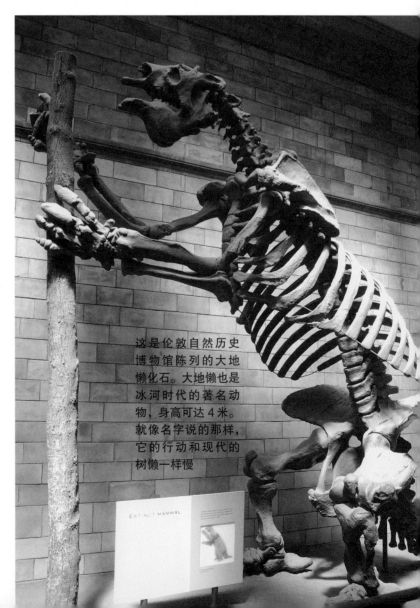

这是伦敦自然历史博物馆陈列的大地懒化石。大地懒也是冰河时代的著名动物，身高可达 4 米。就像名字说的那样，它的行动和现代的树懒一样慢

和恐惧之感油然而生。不过，巨型短面熊的体形虽大，但并不适合捕猎大型动物，它们会经常抢夺其他肉食动物辛辛苦苦捕来的猎物。

与此同时，在欧亚大陆也存在着一些巨大的怪兽，比如身长 3.7 米的披毛犀，角宽能达到 3.65 米的爱尔兰麋鹿，当然那里也有猛犸象。

一个令科学家至今迷惑不解的问题是，在冰河时代末期，这些动物在短时间内相继灭绝了，甚至有多达 70 种动物在2000 年间彻底消失。对于造成这种现象的原因，有的科学家认为随着冰川融化，自然环境发生巨变，导致这些动物无法找到适合自己的食物；也有的科学家认为，是某种不明的疾病杀死了它们。

人类才是元凶?

第四纪大冰期时，由于海水冻结成冰，导致海平面下降，亚洲和北美洲之间露出了一条"白令陆桥"，很多动物通过这条走廊在两大洲之间迁移。在第四纪大冰期晚期，人类也通过这条走廊来到北美洲。当时的原始人用兽骨和猎物的肌腱制成针和线，用针线将动物的皮毛缝制成保暖的衣物。这些原始人靠着追猎大型动物生存了下来，科学家经常在猛犸象和其他许多大型动物的化石附近发现原始人制作的工具。

因此，有一种假说认为，人类正是导致这些顽强活过第四纪大冰期的动物们灭绝的罪魁祸首。但也有很多科学家认为，光凭当时人类原始的猎杀方式，无论如何都不可能导致如此多物种的灭绝。更有可能的是，多种因素共同导致了第四纪大冰期末期的物种大灭绝，而人类猎杀只是其中一个（可能只是不怎么重要的一个）。

Exploring Antarctica
没有一个地方像南极

作者：冯迪

现在我要带大家去一个遥远的地方，从你居住的地方出发，要经历艰辛的旅程才能到达。那里极其寒冷，你最好穿上最厚的衣服，因为那里最冷时温度达到零下89摄氏度，真是太冷了！这个地方就是南极洲。去往南极洲的旅程艰辛，到达那里后，你会发现那里有巨大的冰山、蔚蓝的天空、银色的雪原与冰冷的海水。当呼啸的寒风吹过，你可能一时有点恍惚，我真的是在地球上吗？没错！在地球上，也许真的找不到其他一个比南极洲更让人感到神奇、荒凉和美丽的地方了。

巨大的冰山

南极洲也曾温暖

不管你是在书本上看到南极洲，还是亲自造访过，南极洲的春、夏、秋、冬永远是一片白色。但你能想象，大约在1.7亿年前，南极洲到处都是绿色吗？

约5.4亿年前，南极洲是超级大陆冈瓦纳古陆的一部分。当时的南极位于赤道附近，属热带气候，覆盖着蕨类植物，而后针叶树取代了蕨类植物。

后来，冈瓦纳古陆解体。约6600万年前，南极洲还和现在的澳大利亚大陆连接，受温暖的赤道洋流影响，属于热带、亚热带气候，南极大

南极科学考察站

南极美丽的夏夜

陆还哺育着有袋动物。

4500万年前，澳大利亚大陆与南极大陆彻底分裂，赤道洋流开始偏离南极地区，两块大陆之间形成了一条孤立的寒冷水道。南极地区持续变冷，南极水域开始结冻，并向北方输送冷水和海冰，寒冷开始蔓延，冰雪逐渐取代了森林。

再冷也能生存

如今，南极仍是地球上最冷的地方。1983年7月，苏联的考察站——东方站遇到了南极有记录以来最冷的一天，温度为零下89.2摄氏度。

尽管气候恶劣，这里依然活跃着许多动物，我们第一个想到的就是企鹅，它们是南极的常住居民，在那里生儿育女，特别是帝企鹅，能在南极最冷的冬季繁殖，科学家无不为之惊叹。企鹅有适应低温的两大法宝。一个是企鹅的一身

羽毛，它分内外两层，外层为细长管状结构，内层为纤细绒毛，有非常好的保暖作用。尤其是绒毛层，还能吸收并储存微弱的红外线能量，用来抵抗风寒，维持体温。另一个是企鹅体内的脂肪层，大腹便便的它们可不是白长这么胖的，厚厚的脂肪是它们活动、抵抗寒冷的主要能量来源。企鹅的脂肪层厚2~3厘米，帝企鹅的脂肪层更厚些。当企鹅孵蛋时，靠着这一身脂肪，它们能3个月不吃不喝。除了企鹅，南极洲的动物还有海鸟、海豹以及一些种类的鲸。

南极还是很多小生命的故乡。在海冰里，一些海藻会沿着海岸线生长。在漆黑的冬季，这些海藻在咸的海冰里得以幸存；春季时海冰融化，海藻就顺着海水流入海洋。这些被称为浮游生物的水生生物吸收太阳光和二氧化碳得以生长，是食物链的基础。

磷虾是食物链的一个重要环节。这种虾长得像小红虾，是地球上最大的哺乳动物蓝鲸（现在濒临灭绝）最喜爱的食物。蓝鲸会游弋到南部海洋，去捕食这种营养丰富的食物。

监测南极洲

每年夏天，都有来自不同国家的近4000名科学家在南极冰冻的土地上做研究。南极不是一个舒适的宜居之地，却是一个搞科学研究的极佳的实验室。天文学家喜欢寒冷、干净、干燥的空气，在这样的条件下，他们可以通过望远镜更好地观察太空深处；生物学家除了想了解南极洲及其附近的生物如何适应极端气候和恶劣天气，还想了解假如生物在其他行星上会是什么状态；地质学家倾向于了解地球板块运动和陨石，想弄明白几百万年前这块大陆的状况；冰川学家通过钻取冰芯，了解亘古以来气候的变化、冰川和冰盖的情况；医学家则想了解病毒扩散和身体对极端季节温度的反应机制。

南极的夏天是从10月到来年3月，在这期间，会出现每天24小时都是白昼的极昼现象。在冬季，会出现每天24小时都是黑夜的极夜现象。"在冬季，我们经常可以看到极光现象，绿色、橙色，还有红色的雾气划过天空。"年轻的电子工程师尼尔·法内尔（Neil Farnell）说。尼尔住在布伦特冰架哈雷站，英国南极调查局在那里收集有关天气、大气和行星的信息。

科学家研究发现，南极洲蕴藏着储量丰富的220多种矿产，主要有煤、石油、天然气和各类金属等，它们主要分布在东南极洲、南极半岛和沿海岛屿地区。不仅如此，南极大陆虽然是地球上最干燥的大陆，每年降雪量大约只有76毫米，但南极的冰川却拥有地球上大约3/4的淡水资源。

离宇宙最近？

1912年，科学家第一次在南极洲发现陨石。人类自此开始探究南极大陆与太阳系的关系。1969年，日本探险队发现了9颗陨石，这些陨石大多落在数百万年前的冰层里。冰层运动将这些陨石集中在一起，积累下来的雪把它们埋藏了几个世纪后，风的侵蚀又把它们带到了表面，因此，南极陨石都保持得很完好。这些陨石是了解太阳系中的陨石，陨石与小行星、陨石与彗星的关系以及更多南极冰层环境信息的重要材料。

如今，科学家已经发现了许多新类型的罕见陨石，其中可能有月球和火星撞击而飞离的碎片。斯科特参加了3次"南极陨石寻找计划"（ANSMET）之旅，他说："我发现了300多颗陨石，每次都感到非常兴奋。我们团队发现的最令人惊奇的陨石，一块来自火星，还有一块来自月球。"1984年，ANSMET曾发现一块命名为

ALH84001的陨石，这块陨石可能包含火星存在微生物的核心证据。

南极洲属于谁？

南极洲是地球上的净土，少有污染，少有破坏，并且这里还有多样的生物和丰富的矿藏，具有较高的科学研究价值，贪婪的人怎么不想据为己有呢？于是，许多国家想在南极洲挑个好位置圈地作为本国领土。1908年，英国第一个宣布西经20°至西经80°的南极地域属于英国。继英国之后，新西兰、法国、澳大利亚、德国等9个国家纷纷"割地"并宣告主权，一场领土争夺战在南极大陆的冰天雪地中上演。

1955年，在法国巴黎举行的一次关于南极的会议终止了这场闹剧。会议宣布，协调在南极的科考计划，并暂时搁置各国对南极的领土要求。多个国家于1959年12月1日达成协议，签署

了《南极条约》。该条约确保南极洲是一块和平的大陆，避免遭受不良行为的伤害。如今，各国前往南极进行科学考察的工作人员都住在船上或者在陆地上搭建的研究站里，他们所有的必需品只能靠船只或飞机运送，以确保人类研究和参观南极时不会污染这块脆弱的大陆。

科学家正在测量刚刚发现的陨石

搜索冰原寻找陨石

哈雷6号科考站

英国科学家1985年首次在这个工作站报告：南极洲上空的臭氧层出现了一个洞。现在使用的哈雷6号科考站由两个平台和六个相互连接的舱组成，舱体采用流线型设计，每个舱下有六条可升降的支撑腿。舱下空间可起到通风管道的作用，以减少积雪。此外，支撑腿底部还装有雪橇，只要把舱体降落，用一部推土机就可推动它在冰面上移动。

长"腿"的科考站

昆仑站

2009年1月27日，中国南极昆仑站建成，这是中国继长城站、中山站之后，建立的第三个南极考察站，也是世界第六座南极内陆站。昆仑站的主体结构全部采用耐低温的不锈钢，外包复合夹芯的保温板，在零下190摄氏度时仍能正常使用。

昆仑站方圆上千千米都是无人区，景观极其单调，与世隔绝，这对人的心理健康是一种严峻的挑战，因此科考站的设计与家具多采用温暖、艳丽的色彩，尽可能弥补环境对人的心理造成的影响。

The Bergmann's Rule
越冷越大，越圆越暖？

作者：依文
绘者：丑人儿

高纬度地区的"怪物"们

北极熊和棕熊是目前陆地上两种大型的肉食动物，也是最具神秘色彩的动物。人们曾经在阿拉斯加的科迪亚克岛上发现体重超过1吨的棕熊，而最大的阿拉斯加棕熊体长达到4米。北极熊同样吓人，一头北极熊的重量和4头雄性非洲狮相当。时至今日，体重超过1.6吨的巨型大白熊的故事还在流传着（当然这也许只是故事）。

北极熊也好，阿拉斯加棕熊也好，为什么这两种动物都生活在北极附近呢？或者说，为什么北极附近会出现体形巨大的动物呢？

不仅仅是熊，也不仅仅是北极。分布于我国东北、俄罗斯和朝鲜部分地区的东北虎，是世界上最大的猫科动物，体重能达到250千克以上，比起绝大多数猫科动物，它生活的地区要冷得多。

越冷的地方，体形越大，这种现象在动物界是普遍存在的。比如生活在西伯利亚的旅鼠，平均体长是10~11厘米，而居住地相对靠南的旅鼠体长只有8厘米。再比如生活在北极地区的兔子，体长是90厘米，而苏格兰的同类兔子平均体长只有70厘米。

更有甚者，古时候的北极地区曾经居住着一个古老的种族——多塞特人，他们是因纽特人的祖先，据说雪屋、皮舟和鱼叉都是由他们传给现代因纽特人的。根据现代因纽特人的传

说，多塞特人是巨人，力气非常大，一个人就能扛起一头1吨重的海象走很远的路。传说固然有夸张的成分，但也反映了居住在北极地区的人种体型比较大的事实。

伯格曼法则

19世纪，德国生物学家卡尔·伯格曼发现了这个有趣的现象，并开始系统地进行研究。经过大量实地观察和分析，他得出了一个结论：对同一种温血动物来说，居住地的纬度越高（意味着越寒冷），它的体形就越庞大，而且越接近于球形，这就是著名的"伯格曼法则"。

为什么会出现这样的现象呢？科学家对此有很多解释，他们普遍认为，动物的体形越大，质量就越大，产生的热量也越多——更多的热量源于更多的细胞。另外，体积越大的物体，表面积

体积越大的物体，表面积与体积的比例越小

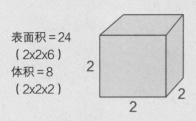

表面积 = 24
（2x2x6）
体积 = 8
（2x2x2）

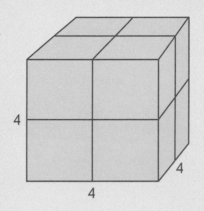

表面积 = 96，是左图的4倍
（4x4x6）
体积 = 64，是左图的8倍
（4x4x4）

体积相同，表面积并不一定相同

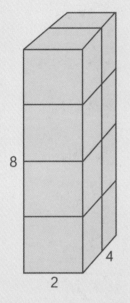

表面积 = 112
（8x2x2+2x4x2+8x4x2）
体积 = 64
（8x4x2）

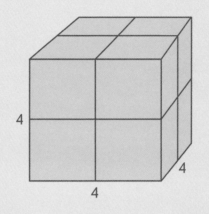

表面积 = 96
（4x4x6）
体积 = 64
（4x4x4）

与体积的比越小，散热就越慢。

　　另一方面，在相同的体积下，球体的表面积最小，因此，体形越接近球形的动物散热越慢。由此得出另一个推论，线性体型的哺乳动物比非线性体型的同类个体散热更快，因此在高纬度地区生活的动物相对都比较敦实。

艾伦法则

　　伯格曼法则有很多推论，其中最著名的是由美国动物学家阿萨夫·艾伦在1877年提出的"艾伦法则"。艾伦法则认为，比起生活在温暖地区的同类，生活在寒冷地区的动物身体的延伸部分如四肢、尾巴、耳朵等会比较短小，从而减少热量的流失。

　　相比伯格曼法则，艾伦法则能找到更多的

例证，最典型的代表是狐狸。北极狐是一种生活在北冰洋沿岸和岛屿地带的狐狸，冬天时全身的皮毛都是雪白的，被称作"最漂亮的狐狸"。而实际上，相对于毛色，北极狐最可爱的是它又小又圆的耳朵，而这正是艾伦法则的绝佳体现。

我们都知道，狐狸的一个重要特征是又大又尖的耳朵，世界各地随处可见的赤狐就以耳朵大著称。某些品种，比如生活在美国南方沙漠中的软毛小狐，它们的耳朵更是大到和脑袋差不多！相比之下，北极狐的耳朵完全辜负了狐狸的美名（而且它和大多数狐狸的亲缘关系

耳朵小小的北极狐

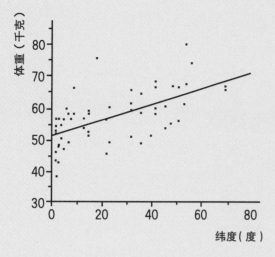

人类体重随纬度的变化

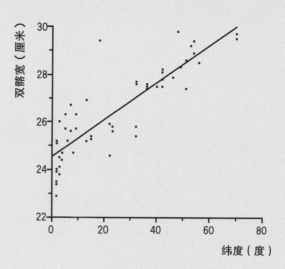

人类双髂宽随纬度的变化

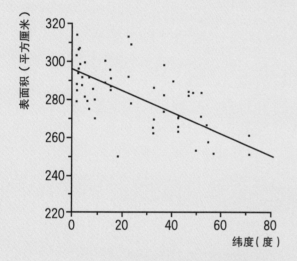

人类身体的表面积随纬度的变化

也较远），这是它们适应极地生活的结果。

　　还有一个鲜活的例子就是人类。虽然有多塞特人力大无穷的传说，但毕竟多塞特人已经消失了，而现代的因纽特人个头和其他人种并无太大区别。科学家认为，因纽特人在北极地区定居时间并不长，伯格曼法则还没有完全体现出来，但他们相对粗短的身材，特别是敦实的身体和粗壮的双腿，与身材修长的热带人种区别明显，这一点已经完全验证了艾伦法则。毕竟，身体大小的改变在进化中也许需要非常长的时间，但四肢比例的改变要容易得多。

只有适应环境的强者才能生存

当然，光靠伯格曼法则，并不能保证动物能在严酷的北极地区生活，不然大象岂不成了北极的优秀住户？除了体形因素，生活在高纬度地区的动物们还有着各自的保暖绝学。

皮毛是一个好选择。科学研究显示，一只海獭的身上大概有8亿根毛，而海狗每平方厘米大约有4.6万根毛！如此浓密的皮毛带来了极好的保暖和防水性能，就连冰冷刺骨的海水也完全奈何不了它们。

生活在海里的大型动物则另有高招。海豹、海象和鲸都拥有流线型的身体，这种类似炮弹的外形不仅能减少游泳时的阻力，还能减少热量的流失（这一点也符合伯格曼法则）；更重要的是，它们表皮层极厚，皮下还有厚厚的脂肪，有的鲸类的皮下脂肪的厚度甚至高达0.5米！毫无疑问，如果说海狗和海獭穿上了毛皮大衣，那么海象和鲸就是内置隔热保温层的潜水艇了。

伯格曼法则和艾伦法则解释了一些自然现象，但事实上大多数的自然现象是由很多因素决定的，并不是一两条法则就能够解释

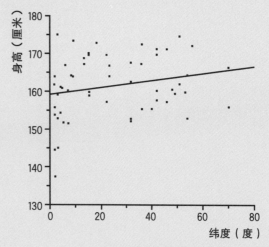

人类身高随纬度的变化

透彻。我们看问题的角度不一样，统计取样的方法不同，都可以得出不一样的结果。比如上面这个统计就显示了跟艾伦法则不一致的结果。

世界是复杂的，只有从多角度观察、分析各种影响因素，才可以归纳得到接近本质的结论。

Keeping Warm
各出奇招抗严寒

作者：晓雅

天冷了，人类会穿上厚厚的外套，戴上帽子和手套。那么动物会怎么保暖呢？别担心，它们可是各有妙招呢！

招数1：皮毛保温

北极的冬天有多冷？答案是平均气温零下 30 摄氏度至零下 40 摄氏度，然而，这样的低温难不倒生活在这片冰天雪地的动物朋友。北美驯鹿"穿"着又厚又暖的防水"外套"，北极狐也换上了雪白的皮大衣，它们浓密的皮毛由许多毛发密密实实地组合在一起。每一根毛发都是空心的，里面充满了空气。空气把动物身体散发出的热量统统封锁起来，这样怎么会不暖和呢？就连它们的蹄子和爪子周围都长着皮毛，就像穿着暖暖的雪地靴，使它们能在积雪上轻松行走。

北极熊"穿"得就更暖和了。

它们身体表层的毛叫作针毛，长而粗糙，也是中空的，由于含有油脂，这层毛"外套"是防水的，能防止里层皮毛被打湿。贴身的里层皮毛稠密而柔软，和羊毛差不多。北极熊的全身除了脚掌和鼻尖，都覆盖着厚厚的毛。皮毛下面还有一层厚厚的脂肪，用它来保存身体中的热量是再好不过了。北极熊外出寻找猎物或睡眠时，喜欢挖个雪洞把自己藏在里面，这样可以大大减少寒风的侵袭。

鸟的羽毛也是抵御寒冷的利器。外层的廓羽是空心的，不仅挡住外面的寒风，中空的羽毛里面的空气还可以让热量不散发出去，保持体温。靠近皮肤的地方则长着柔软、细密的绒羽，保暖效果极佳。人们制作优质的羽绒被和羽绒服时，选用的就是这种绒羽。

鸭妈妈经常把自己胸前的绒羽扯下来铺在窝里或盖在蛋上

绒羽　　　　　　　　　　廓羽

23

招数2：抱团取暖

　　帝企鹅是企鹅家族中个头儿最大的，也是最漂亮的。它们身上有厚厚的脂肪，身体表面紧靠皮肤的是一层容留空气的绒毛，绒毛的上面还有一层防水羽毛阻挡冰冷的海水。这样即使温度下降到零下 10 摄氏度，也不会给它们的生活造成麻烦。不过，当它们进入冰层覆盖的南极洲内陆繁殖后代时，可能会遭遇零下 70 摄氏度的极端低温。这时，它们就要紧紧地挤在一起抱团取暖，而且每一只企鹅都会轮流站到外围去抵抗寒冷，让同伴在里面好好暖和一下，这办法既聪明又有爱。

帝企鹅的肚子下面有一块布满血管的皱皱的皮肤，耷拉下来形成一个育儿袋，企鹅小宝宝可以温暖舒适地待在里面

招数3：冬眠节能

生活在寒带或温带的变温动物，如蛇、青蛙等，在冬季寒冷的天气中无法维持正常活动所需的恒定体温，它们就会找个地方躲起来大睡特睡。有些恒温哺乳动物，如刺猬、松鼠、山猫、蝙蝠等，由于找不到足够的食物，也只好借助冬眠来减慢新陈代谢，降低能量消耗，度过食物匮乏的冬季。

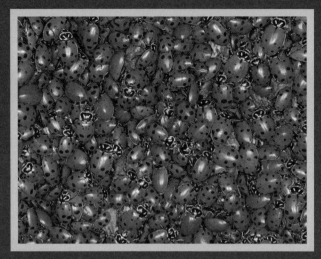

挤在一起冬眠是瓢虫应付冬天的好办法

我不是胖，我是婴儿肥。

土拨鼠是一种小型啮齿动物，在冬季到来之前它们会一直吃啊吃，直到胖得几乎走不了路。大量的脂肪可以在漫长的冬天为它们提供能量。土拨鼠在地洞里冬眠时，看起来就像是死了——每5分钟才呼吸一次，体温下降到略高于冰点，心跳每分钟只有4次。在这样的状态下，它们只需要很少的能量就能维持生命。欧洲山区的高山土拨鼠会在睡眠中度过8个月的寒冷期，剩下的4个月它们要交配、繁殖、觅食、为过冬储存脂肪，真是忙得很！

招数4：远走高飞

很多动物既没有厚厚的皮毛和肥肥的脂肪，也没有长睡不醒的冬眠本领，它们该怎么度过寒冷的季节呢？答案是：逃走！最擅长这样做的就是鸟类。每当北半球的秋天到来，成群结队的鸟儿——大雁、野鸭、天鹅、燕子等，就会启程飞往温暖的南方，享受那里的温暖阳光和昆虫盛宴。

除了鸟类，还有一些动物也会迁徙避寒。如北美驯鹿冬天会向南迁徙，春天再返回食物丰富的北方苔原带。在山区寒冷季节，动物也常向较温暖的低处移动觅食。每年12月至次年3月，蓝鲸、露脊鲸和座头鲸在南极水域中度过夏季，然后就北上往热带和亚热带水域过冬，灰鲸也会从极地附近的海洋游往热带海域交配。

迁徙的雁群

人有衣服我有毛

作者：蔡朦

SOS, Polar Bears' Home
保卫北极熊的家园

作者：郭辰

"120多年前，探险家南森的船用了3年时间，才艰难穿过北极；时下，最多只要半年……我们的孩子应该知道寒冷有时也值得珍惜。"挪威研究理事会（RCN）执行秘书长奥拉夫·奥尔海姆（Olav Orheim）博士说。

挪威

★ 挪威的国名"Norway"，意思是"通往北方的路"。现在，随着全球气候变暖，所谓的"北极航道"已经不再是传说。

★ 挪威拥有世界上最长、最深的峡湾——松恩峡湾（Sognefjord）。

★ 挪威拥有欧洲大陆最大的冰川——约斯特谷冰川（Jostedal Glacier）。

★ 在挪威，你可以看到"午夜太阳"（Midnight Sun）。在挪威北部，夏季有两三个月的时间太阳基本不落。

挪威国旗

如果北极地区气温继续升高，迟早有一天，这片美丽的峡湾会被淹没在海水之下

北欧国家挪威是世界上最冷的国家之一，它拥有美丽的岛屿和冰河生态，白茫茫的大地上有北极熊、驯鹿等各种生长在寒带的动物。可是由于气候变暖，全欧洲最大的冰川恐怕在下个世纪就会全部融化，北极熊因此没有了家园，驯鹿也吃不到埋在冰雪下的草，挪威国土也会有巨大的改变。因此，挪威积极推动环境保护，大人、小朋友都在努力。

为了对抗全球气候变暖造成的环境冲击，挪威政府曾先后采取了多项措施。例如提高石油税与汽车税、广辟公共运输网络等。此外，挪威政府从教育着手，让所有小朋友从小就有保护环境的意识。

奥尔海姆博士是挪威气象学权威。他表示，极地气候变化已经影响了挪威的气候，对这个问题的科学研究是该国重要的基础科研项目。

挪威的小学

在挪威，小学阶段学习如何将垃

弗里乔夫·南森（Fridtjof Nansen）是挪威的一位北极探险家、动物学家和政治家。他1895年到达北纬86度13分，创造了当时的北进新纪录。在挪威人民心中，南森有着至高的地位，是民族的灵魂

圾分类与认识资源回收，是一门正式的课程。

挪威的小朋友必须学习哪些垃圾是可燃的，哪些垃圾是不可燃的；哪些垃圾可以回收；还有哪些垃圾会产生有毒物质，需要另外处理。比如塑料制品是可以回收的，纸张也是。小朋友必须认识，回收1吨的纸，能节约17棵树、2桶油，或者减少25千克的温室气体排放。此外，电池、药品不可以随意丢弃，因为它们会产生有毒物质，污染土壤和水源。学校与社区都设有不同颜色的垃圾桶，分别标着"金属""玻璃""塑料""有机物"等标签，让小朋友在日常生活中就可以参与环保。

你能区分家中的生活垃圾，把它们放在不同的箱子中吗？

玻璃制品回收箱　　　　纸制品回收箱　　　　金属制品回收箱　　　　塑料制品回收箱

Life in the Frozen World
冰雪世界的生活

作者：白樱
绘者：桃罐头

从冰岛到瑞典，再到俄罗斯，北方国家的居民们早已将寒冷当成了他们生活的一部分。不过比起他们，居住在北极圈内的因纽特人更是伴随着刺骨的严寒繁衍了无数个世代。他们也许是世界上最耐寒的人类。

对早期的因纽特人来说，驯鹿是极为重要的食物来源，海豹和貂熊这样的动物也是非常珍贵的自然馈赠。狩猎是因纽特人重要的生计方式，猎物的每一部分都是他们生活的必需品：肉和皮毛自不必说，甚至肠子都能经过清理和刮薄变成制作窗户的材料。在今天，驯鹿已经被因纽特人驯化了，就像我们的牛和马一样。因纽特人不仅饮用鹿奶，还用鹿奶制作奶酪。

进入20世纪，绝大多数因纽特人不再依赖狩猎养家糊口，而是把目光转向了蔚蓝的大海。北方海域丰富的渔业资源吸引着全世界的目光，鱼类加工公司也乐于雇用这些对海了如指掌的人。与此同时，科学家还在因纽特人居住的土地上发现了宝贵的石油，这为当地人提供了大量的工作机会。

危险的寒冷

隆冬时分，如果你来到室外，身体的强烈反应会让你感到非常痛苦：皮肤刺痛，起鸡皮疙瘩，甚至还有头疼。随着温度的降低，人体的不适感也会逐渐升级，当温度下降到一定程度，就会给身体带来极大的伤害。虽然人类属于温血动物，有维持自己体温的能力，但严寒还是会让我们的体温降低，而如果体温过低，就会出现"低体温症"。

冬天对老人和孩子来说是很难熬的，他们要随时应对低体温症的威胁。即使是身强力壮的登山运动员或极地探险家，在面对高海拔或高纬度地区的严寒时，也很容易成为低体温症的"猎物"。

另一个恐怖的威胁是冻伤。当外界极端寒冷时，人的皮肤和肌肉会被冻僵，血液流动也会受到阻碍。这会导致人们的脚趾和手指变色，甚

至失去知觉。

保暖的方法

　　和野生动物不同，人类既没有柔软的皮毛，也没有厚实的脂肪，因此，面对凛冽的寒风，必须采用其他的御寒方式。我们的祖先从远古时就已经学会了很多御寒取暖的方法，比如生火和将动物的皮毛缝合起来制作成衣服。

　　天气冷的时候，人们会颤抖，这种颤抖其实是肌肉在进行剧烈的运动，这能让身体保持温暖。如果气温过低，人体皮肤表层的血液可能会暂停流动，这是身体为了防止热量通过皮肤流失而准备的终极防线，也是我们的皮肤在非常冷的时候呈现出一点点蓝色的原因。

极北的小屋

　　"igloo"是一个非常有名的来自因纽特语的词汇，它的意思是"雪屋"或"圆顶小屋"。顾名思义，雪屋是用雪搭建的小屋。听起来很不可思议，又轻又软还非常容易融化的雪怎么能作为建筑材料呢？实际上，在终年寒冷刺骨的北极地区，雪绝对可以算是相当坚固的建筑材料了。用来建造雪屋的雪不仅要具有足够的强度，还要能够切割成块，并能按照一定的方式堆砌起来，最好是被风吹得足够坚实的硬雪，它们能紧密地堆在一起，还能靠冰晶彼此粘连。

在极端寒冷的环境下，冰霜会在任何有水蒸气的地方形成，甚至会出现在人的眉毛、胡子、眼睫毛和衣服上

由于雪是非常好的隔热材料，住在雪屋之中其实是非常舒适的。

　　如果你在电视上看过雪屋，也许会产生一个疑问：为什么圆顶的雪屋在入口处总会有一条短短的走廊似的通道突出来呢？这是一个很有创意的设计。这条"地道"（它既是雪屋的出入口，也常被用作储藏室）可以抵御大风的侵袭，还能在主人进出的时候大大减少屋内热

黑暗的冬天

俄罗斯西伯利亚是世界上最冷的地方之一。1933年，那里的奥伊米亚康出现了零下68摄氏度的低温。

极夜是极地地区的一种特殊现象，当太阳的直射点在南半球的时候，北极附近就会出现一整天都是夜晚的现象，也就是极夜；与此相反，此时的南极地区，24小时都是白天。

芬兰首都赫尔辛基曾经有过连续51天的黑夜，也有过连续73天的白天。在长达近两个月的黑暗之中，寒冷成为一个凶神恶煞的敌人。

量的损失。

除雪屋外，因纽特人还用驯鹿的皮毛制作帐篷，他们在离家狩猎的时候会搭建棚屋。这两种材料简单的房子都能起到保暖的作用，这充分体现了因纽特人的聪明才智。

快堆雪！风速正合适！

当然，在 21 世纪的今天，北极地区也早已享受了科技进步带来的成果。在现在的北极村里，现代化的住宅随处可见，它们和鱼类加工厂、矿场或市场比邻而立。只不过，由于那里总是在冰冻和解冻之间不断循环，严苛的自然条件对建筑物的设计有着很高的要求。举例来说，因为水变成冰之后体积会变大，所以当水管里的水被冻住之后，水管很容易被冰块撑破——等到冰重新化成水，水就会从损坏的水

管中流出，把房子弄得一团糟。再加上常见的冰雹、积雪和积雪化冻后的洪灾，只有经过特殊设计的建筑才能面对这样极端的挑战。

其他生活在冰雪世界的人们

除了因纽特人，还有很多坚强的民族在条件极为艰苦的北极地区安了家。有将近 30 个民族生活在俄罗斯的西伯利亚和北极圈附近的沿海地区，而在斯堪的纳维亚最北部的拉普兰（也包括一部分俄罗斯的领土），居住着萨米族人。很多生活在北极地区的民族是游牧民族，他们会随着牧群一起迁徙，萨米族也是其中之一。

生活在西伯利亚的人们同样驯养驯鹿，他们也充分利用驯鹿的每个部分，皮毛用来制作衣服、靴子和帐篷，骨头当作燃料，肉筋则被用作线。

崭新的生活

许多北方民族都努力保持自己传统的生活方式，但这种愿望已经越来越难以实现了。从前，他们狩猎、养驯鹿、捕鱼，甚至捕鲸，但在越来越重视生态平衡的今天，捕鲸已经成了国际法严格限制的行为，而新的公路和城镇不

断涌现，也阻隔了驯鹿迁徙的路线，大大增加了养驯鹿的难度。在这种情况下，萨米族人已经做起了农民或渔夫，通过改变自己来适应新的环境。

随着现代科技的不断发展，发达国家也为北极地区带来了很多新的产业。这些产业虽然促进了当地经济的发展，但也破坏了环境，破坏了原住民的生活方式，甚至威胁到了他们独有的语言和文化。原住民已经意识到这一点。1999 年 4 月 1 日，在原住民的不断努力下，加拿大的因纽特人聚居区"努纳武特"正式成为一个独立的行政区。这样的故事，以后也许还会有很多很多。

Far Infrared Fabric

美丽不"冻"人
——远红外线保暖材料

作者：万莹
绘者：木果

远红外线材料从太空走来

在寒风呼啸的冬天，站在街上观察行色匆匆的路人，你会发现大部分人都是把自己包裹得严严实实的，但总会有这样一些衣着单薄，看起来风度翩翩的"异类"。很多人会说他们"只要风度，不要温度"。事实上，如果他们的衣服是远红外线衣料制成的，这些衣着单薄的人其实真的不冷。

可不要小看这些远红外线衣料，它们可是上过太空的"大人物"呢！当年，为了解决宇航员如何保持体温的问题，科学家将汽化铝与塑料混合在一起，制造出了一种神奇的材料——远红外线保暖材料，它轻薄结实，能够反射远红外线，而远红外线可以产生热量。这种材料除了反射远红外线，保持宇航员的体温，还能够阻挡太阳辐射。很快，科学家就用这种材料为宇航员制造了适合太空行走的宇航服。

现在，这种神奇的材料不仅在太空中大显身手，也开始走入普通百姓的生活。除了制作成各种各样的保暖衣物，远红外线保暖材料还可以帮助医生救死扶伤，比如把它盖在因车祸受伤的人身上，可以防止伤者体温快速降低，为抢救争取时间。热能毯也是由远红外线保暖材料制成

人类的皮肤进化了呀！

的，马拉松比赛结束的时候，所有的参赛者都会披上这种热能毯来暂时保持体温，直到他们拿到自己的衣服。另外，医院也会给刚做完手术的病人盖上热能毯。临时避难所中，远红外线保暖材料的用处也不容小觑，一个仅有70.8克的睡袋却可以反射90%的人体热量，这样，即使你需要在寒冷的环境中度过一晚，也不用担心生命受到严寒的威胁。

远红外线衣料为什么能保暖？

太阳光分为可见光和不可见光，其中可见光经过三棱镜折射后会出现紫、蓝、青、绿、黄、橙、红7种颜色的光线。在红光外侧，有一种肉眼看不到的光，被称为"红外线"，任何物体都在发射和吸收着红外线。红外线的波长范

围很宽，于是人们又将红外线划分为近红外线、中红外线和远红外线三种。

自然界中所有温度高于绝对零度（零下273.14摄氏度）的物体，在分子热运动的作用下，每时每刻都在向周围的空间辐射包括红外线在内的电磁波，而不同温度的物体辐射出的红外线波长不同。根据计算，体温在36.5摄氏度左右的人体主要辐射的是波长为9~10微米的远红外线，远红外线衣料正是着眼于这一点。这种材料能够吸收和反射波长在9~10微米之间的远红外线，因此，当穿上由这种材料制作的衣物时，人体自身辐射出的远红外线就会被衣料反射回来，这样就避免了热量流失。而被反射回来的远红外

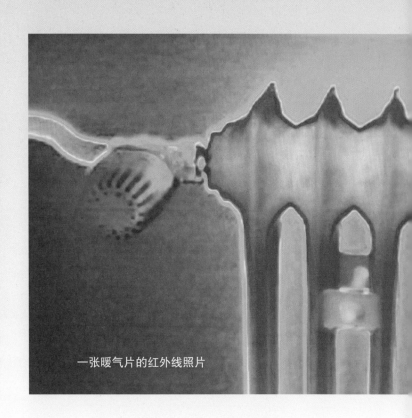

一张暖气片的红外线照片

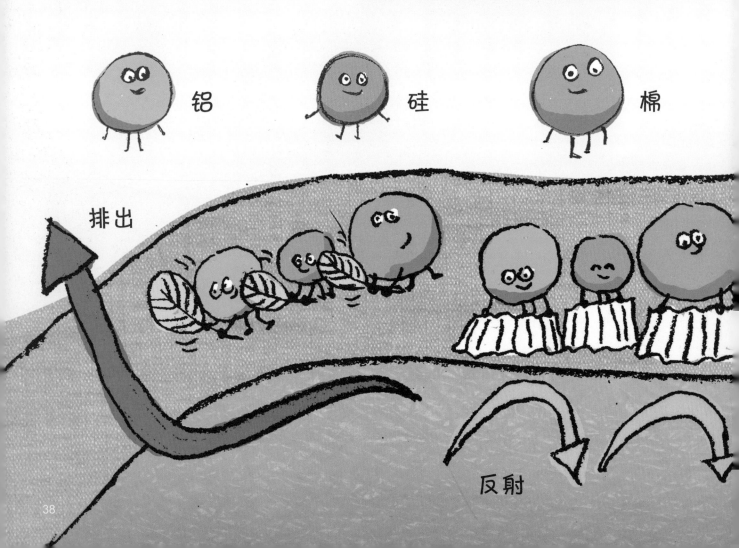

铝

硅

棉

排出

反射

线又能被人体吸收，能量也就再一次进入人体里。

那么远红外线面料是怎么做出来的呢？美国国家航空和航天局是将铝与塑料结合。实际上，棉布、化纤等常见的布料同样也可以变成远红外线面料。各种各样的金属和陶瓷原料结合，比如铝与硅组合，之后这个"小团体"再与棉布等布料融合，就变成了一块神奇的"远红外线面料"。其中起到吸收、反射、发出远红外线的主要结构就是不起眼的陶瓷原料，它发出的红外线波长接近9.4微米，恰是正常体温的人体最常辐射出的电磁波波长。穿着这种面料做的衣服，人会觉得似乎有一股温热的暖流源源不断地输入体内。如果热量太多，成为陶瓷原料"不能承受之重"，多余的热量就会被排出面料外，就像面料在呼吸

一样，这样人体就总是处于最舒适的温度中，不会被多余的热量"烫"到。

在冰天雪地中，这种会"呼吸"的面料可以帮助人体迅速升温；而在炎热的地方，面料会散出多余的热量，让身体感觉舒适。这种面料是如何"呼吸"的呢？它可以同时利用三种方法来进行热量转换，分别是吸收、反射和发射热量。当人体发射红外线、产生热量的时候，红外线面料可以将红外线反射回去，避免大量的红外线释放到外界，导致体温降低；而当人处于寒冷环境中，这种面料可以发射红外线，温暖人体，这是因为红外线面料一直在吸收灯光等外界物体散发的热量。

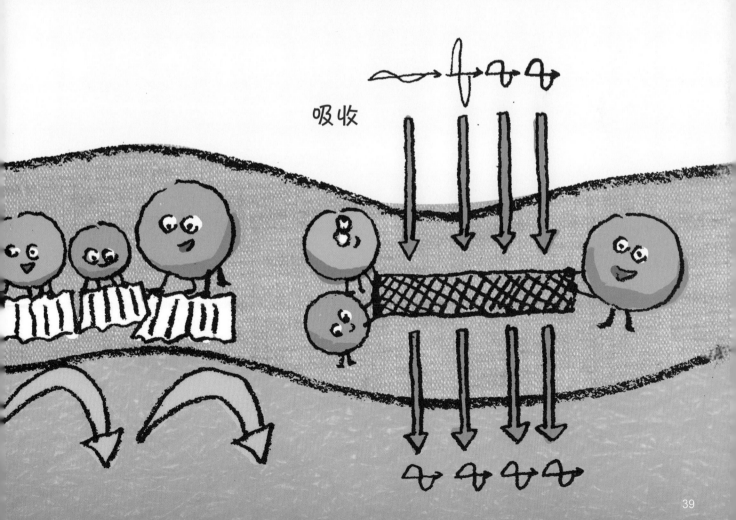

吸收

Cool and Icy Fun
冰趣盎然

作者：崔西

冰不只有酷的一面。事实上，冰带给我们的乐趣多着呢。

冰屋 Igloo

因纽特人和其他生活在北极圈地区的原住民，用冰和雪造出了一座座圆顶冰屋。它们可以抵挡寒风，住在里面就不用害怕北极那极度寒冷的天气了。

冰宫殿 Ice Palace

还有壮观的冰宫殿呢！1896年，在美国科罗拉多州里德维尔的落基山脉上建成了一座冰雪宫殿，建造它耗费了5000吨的冰和725立方米的木材。宫殿里面甚至连厨房、餐厅、舞厅和溜冰场都有呢！

冰雕 Ice Sculpture

不过，我们最熟悉的还是用来观赏的冰雕。在日本北海道的札幌市、加拿大的魁北克省，每年都有冰雕展示的节日。我国哈尔滨有"冰城"之称，那里的冰雕展、冰雕比赛总会吸引各国的优秀艺术家前往。

一块块冰经过艺术家的双手，变成了一座座雕塑，像水晶一样晶莹剔透。如果从一座"水晶"滑梯上滑下来，感觉是不是有点像在童话世界里呢？

普普通通的水，可以变成这样美丽、有趣的冰。这太奇妙了，不是吗？当然，最让人激动的冰雕作品还是冰激凌啊！

Legendary Snowmen

雪人传奇

作者：崔西

有的时候，科学家或者是艺术家会对雪非常痴迷，会充满热情地去进行研究。这里就有三个永不屈服的"雪人"的故事。

痴迷雪花的本特利

1885年，来自美国佛蒙特州耶利哥城的18岁的威尔·本特利成了世界上第一个拍摄到雪晶的人。他在相机上安装了一台显微镜，并在一个木棚里成功地拍摄出显微照片。

本特利是个农民，他对雪花异常痴迷。在无风的下雪天，雪晶的形状会保持得很好。这时，本特利就会捧着木制的托盘去收集雪晶，进行他的拍摄工作。本特利经常修整他的照片，以突出那些雪晶的美丽。他曾经这样形容他镜头下的雪晶："在显微镜里，我发现那些雪晶简直就是美的奇迹。它们看上去如此的羞涩，好像这样的美不应该被人看到、被人欣赏。每一个雪晶都是设计的杰作，而这样的设计却从来没有重复。当雪花融化的时候，这些杰作就会永远消失。如果没能留下任何记录，这样的美也会随之永远消失。"

1931年，本特利出版了一本摄影集，其中收

录了他拍摄的2400多张照片，不过，这还不到他一生中所拍摄的5381张照片的一半。正像他所说的那样，没有哪两张照片上的雪晶是完全一样的。

同年，本特利在室外收集雪晶的时候不幸得了伤寒，之后不久就去世了。幸好他的那些照片永远保存了下来，成为对大自然杰作的永久记录。

顽强的丘奇教授

1895年新年前夕，美国内华达大学的拉丁语教授——詹姆斯·丘奇博士第一次攀爬里诺城外的玫瑰山，而帮助他爬上海拔3285米顶峰的设备仅仅是橡胶靴和雪地靴。

玫瑰山的雪融水流经里诺这座沙漠里的城市，当地的电力公司对玫瑰山十分感兴趣。1906年，丘奇博士发起了一个研究项目。他计划每两周爬上一次玫瑰山的顶峰，以收集山上积雪的数据。电力公司对这个项目十分支持，于是丘奇安排了马匹将设备运上了山顶。

就这样，丘奇博士开始了他每两周一次的旅途。他往往会经历不少挑战和尝试才能到达顶峰。有一次，幸好他在雪地里挖出一条壕沟躲起来，才得以在凛冽的大风和低温中活下来。当他第二天早上到达装有设备的临时仓库时，仓库的门被冻住了，他无法记录下任何数据，只好返回壕沟。第三天再出发的时候，又碰上了大雾和暴雪，他完全看不清路，只能大喊，依靠回音来辨别前进的方向。浓雾稍稍散去的时候，丘奇意识到自己偏离了正确的方向，只好再一次返回壕沟。到了第四天的早晨，天气终于好转，变得晴朗而温暖，他这才登上

玫瑰山及其倒影

顶峰，记录了各种测量数据。

丘奇教授后来发明了一种测量仪器，用它可以测量不同深度的雪堆中水的物质成分。他采集的玫瑰山积雪样本对预测融雪水径流起着重要的作用，其研究成果在全世界被广泛使用。

"雪博士"中谷宇吉郎

中谷宇吉郎本来是日本北海道大学的一位物理学家，他受到本特利雪晶显微照片的影响，将科学研究的焦点转向了雪晶。1932年的冬天，他利用每一次下雪的机会去收集、分类和测量雪晶样本。随后，他在实验室里复制了他发现的大部分自然雪晶。他发现，其实每一个雪晶都是一封"来自天空的信"：雪晶上携带的信息可以让人们了解天气的情况。根据对雪晶的研究，中谷宇吉郎制作了一个图表，借助这个图表，气象学家可以通过检查飘落到地面的雪晶来预测天气情况。

雪の結晶の分類

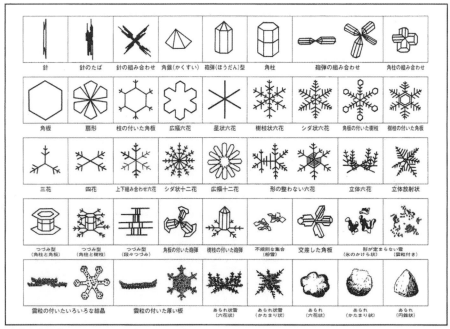

中谷宇吉郎『Snow Crystals』(1954)による

One Tiny Ember
星星之火

作者：蕾金·弗兰克（Régine Frank）
译者：何斐
绘者：骆玫

我目送父母的马车穿过森林，直到淹没在一片绵延的冷杉树枝之中。他们只是外出几天，我提醒自己说。我甚至恳求过父母，在他们外出的时候，留下我照料家里的一切。可是，为什么此时我们的小屋会显得那么空旷？还有，我的弟弟妹妹为什么显得那么幼小？

"莎拉，你觉得他们会带糖回来给我们吃吗？"约翰问。

"当然会，"我还来不及应答，格瑞丝大声说道，"还会带印花棉布回来！"

还有玉米面，我想，因为地面依然被坚硬的冰雪覆盖，我们的日常供应已接近底线。

我用温火煮了点所剩不多的玉米面，又往炉火中放了块木柴。

"当心炉子里的火啊！"出门的时候，妈妈大声嘱咐我说。她肯定觉得我还是个孩子，可我已经十六岁，差不多可以自立门户了！我点了点头，抑制住朝他们翻白眼的冲动。可现在，我独自一人，为什么会觉得口干舌燥？为什么会饥肠辘辘？我努力把嘴里的东西咽下去。也许我真的还没准备好独自料理一切。

父母离开后不到一小时，我的胃越缩越

紧，格瑞丝爬上我的膝盖，我感觉她好像好几年没这么做了。

"我有点热。"她轻声说。

她前额发烫！约翰一动不动地坐着，我上前去看个究竟，果然，他也在发烧。我把他俩塞进被窝，独自出神地凝视着小屋，想着能为他们做点什么。几束悬挂在椽木上的干草药吸引了我的视线。

"这是可以治发烧的兰草茶。"母亲一直这么说。我用长柄勺从木桶里把水舀到茶壶里，挂在火炉上烧。

我细心照料着弟弟和妹妹，哄他们喝这种苦茶；还把布浸在水里，然后拧干，给他们滚烫的额头降温。一天就这样飞快地过去。他们睡不着的时候，我给他们唱歌，或是把从学校里学来的诗歌背诵给他们听。

傍晚，我到屋外柴火堆去搬木柴。屋外狂风肆虐，吹得树梢东倒西歪。深吸着清凉的空气，我飞快地逃回我们安全的小屋。

我做的中饭大家一口都没吃。我将木柴的枝枝叶叶和炉子边的树皮全都收拾干净，扔进火炉里，然后借助火光再次为格瑞丝和约翰盖好被子。和我相比，两个孩子依然烧得滚烫，但至少，他们睡得很安稳。我的头和喉咙痛得厉害，我肯定也生病了！我得休息一会儿，就一会儿，趁准备晚间柴火之前的空隙，我把自己裹在毯子里，看着忽隐忽现的微弱火苗，听着文火发出悦耳的嘶嘶声。

狂风敲击着小屋，把我惊醒。我因为发烧而浑身滚烫，但呼吸却似乎要在寒冷的空气里凝固了。我喘着气，跌跌撞撞走到灶台边。刚才一睡就是四个小时！柴火早已燃尽！我赶忙抓起拨

火棍，拼命耙开松软的灰烬，寻找残留的火种。还有一丝微弱的余火在黑暗中闪烁，我如释重负地深舒了一口气。可是，轻松是暂时的，我没有引火柴啊！三岁小孩都知道，引火得先有细枝叶，再用枝条，最后才用粗木柴，这样才能从微弱的余火中慢慢把火生起来。要是昨晚没把灶台打扫得那么干净就好了！

"我该怎么办呢？"我在阴影中恸哭起来。我不可能冒险跑到漆黑的室外去，在如此喧嚣的狂风中，可余火不可能维持到黎明。如果完全燃尽，我就只能艰难地跋涉过林地，去邻居家拿点着了的木炭，那可是两千米的路程啊！我生着病，而且即便能走完那么远的路，我也不能丢下格瑞丝和约翰不管啊。唉，母亲吩咐过我，一定要当心火种，可我以为她的意思是别让房子着火了。她肯定是叮嘱我要保持炉子里的火一直烧着，要是没了火，我们就会挨饿、冻僵。我怎么那么粗心呀！

这个时候，忽然一阵轻微的抓门声响起，我马上想到穿越森林的美洲狮，心扑通扑通地狂跳着。我匍匐着来到门边，把耳朵贴在门上，祈祷这声音是因为我发烧而产生的幻觉。有一会儿，抓门声停了下来，但另一阵风刮起的时候，我再次听见那个声音。

当务之急是生火，木柴烟雾散发的气味会把野兽赶跑。

我撕开床褥，扯下一把填充在里面的干燥的玉米壳。我颤抖着双手，把玉米壳撒在散发着微光的余火上。玉米壳很快燃烧成熊熊火苗，我马上把玉米壳全倒在火上，可火苗没持续多久，木柴未能点燃。

我拿起斧头，却因为发烧，身体虚弱，没

能将它高举起来将木柴劈开。斧头从手上滑落了。

我跌倒在地板上，开始啜泣。

"莎拉？"小妹在床上叫我。

我慌忙把脸颊上的眼泪擦干，靠着床沿，依偎在格瑞丝身边。约翰揉揉眼睛，坐了起来。

"我好冷。"格瑞丝说。

"没事，"我尽量装出轻松愉快的样子说，"我马上就把火生起来。"

我还能对他们说什么呢？他们的姐姐为了证明自己已经长大，硬是将他们置于危险之中。这不是傻瓜是什么？

格瑞丝冲我笑了笑。小屋即便昏暗，我依然能读懂她眼里的信任。我告诉他们，我很快就能把火生起来，她对此深信不疑。我看着约翰，他平静、安稳地回看着我。他俩对我如此信任！母亲和父亲对我，肯定也是信心百倍，否则他们不会留下我照料这个家和两个小孩！

就在这一刻，某种东西把我唤醒。我感觉到内心深处有一股温暖的光亮，就像松软的灰烬中那一丝微弱的余火，我幻想着用它点燃细枝叶，再添上枝条，最后，将粗木柴点燃，微火于是燃烧成熊熊火焰。就在那时，我心里已明白，我可以让小屋变得安全，可以勇敢地面对漆黑的森林以及森林里隐藏的威胁，带着可以重新点燃木柴的火种返回家中。我一定能做到！

趁决心未动摇，我将围巾披在肩膀上，抓起斧头。我颤抖着双手，慢慢将门打开，悄悄走了出去。

月亮被乌云遮住，屋前的空地笼罩在黑暗中，门口台阶一步之外的地方我几乎看不清。要是有个灯笼或一个火把该多好啊！一想到美洲狮，我就毛骨悚然，于是，我举起斧子。

"迈开脚步走进森林就是了，莎拉，"我低声对自己说，"砍些干树枝带着，赶紧跑回家。"

我让自己冷静下来，朝前走去。不知道是什么锋利的东西刮到我的腿，把裙子撕破了！我紧闭着眼睛，挥起斧头。斧子从我手上飞了出去，撞在小屋的一侧，发出徒劳的咔嗒声。我抑制住自己的尖叫，双手抱头，等待着美洲狮的凶猛出击。

风将乌云吹散，苍白的月光倾泻而下，我睁开双眼。门前台阶上，我衣裙凌乱，一条硕大的枯枝横亘在眼前。我用脚推了推，竟然听见了我以为的那个美洲狮爪子发出的轻微抓门声。一丝微笑在我嘴角抽动，我看了看空地四周，开始咧着嘴大笑起来。大大小小的枯枝败叶被风吹倒，散落在发亮的雪地上。引火柴，干燥的引火柴，满地都是！

我把围巾当包裹，在小屋外的几级台阶范围内，飞快地收集了一大包干树枝。这时，我突然想到，格瑞丝觉得冷，可能意味着烧要退了。现在，一起都好起来了。有了引火柴，我就可以把炉火生起来。星星之火，可以带来熊熊烈焰。

这一回，我再次踏进小屋时，一点也不觉得空旷了，而是大小正好。

作者蕾金·弗兰克（Régine Frank）在加拿大麦吉尔大学取得英国文学学位，现任联合国语言和出版物特别分支机构（位于加拿大蒙特利尔）高级编辑。她创作小说、纪实文学、诗歌、智力游戏和手工等作品，为美国儿童杂志 *Highlights for Children*, *Jack and Jill*, 美国青少年杂志 *Boys' Quest*, *Hopscotch* 和 *Fun for Kidz* 以及澳大利亚儿童杂志 *The School Magazine* 撰文。